Olegario Neves Lisbôa

NOVA TABUADA FUNDAMENTAL

Caminho Suave edições

CARO AMIGUINHO,

Você está recebendo uma tabuada com as quatro operações fundamentais que aprenderá de uma forma simples e agradável, e em cada operação terá os exemplos resolvidos e com as devidas explicações.

A tabuada é semelhante à base de um edifício; sabendo bem a tabuada, você poderá galgar todos os degraus que a Matemática oferece, e a cada dia passará a gostar mais dela.

Comece a estudá-la hoje e veja como ela é realmente bonita e fácil de aprender.

O autor

Copyright desta edição © 2009
by Edipro Edições Profissionais Ltda.

Todos os direitos reservados. Nenhuma parte deste livro poderá ser reproduzida ou transmitida de qualquer forma ou por quaisquer meios, eletrônicos ou mecânicos, incluindo fotocópia, gravação ou qualquer sistema de armazenamento e recuperação de informações, sem permissão por escrito do editor.

Grafia conforme o novo Acordo Ortográfico da Língua Portuguesa.

1ª edição, 3ª reimpressão 2024.

Editores: Jair Lot Vieira e Maíra Lot Vieira Micales
Coordenação editorial: Fernanda Godoy Tarcinalli
Revisão: Brendha Rodrigues Barreto
e Luana da Costa Araújo Coelho
Diagramação e capa: Camila Treb
Adaptação de capa: Karine Moreto de Almeida
Impressão: Gráfica PlenaPrint

Dados Internacionais de Catalogação na Publicação (CIP)
(Câmara Brasileira do Livro, SP, Brasil)

Lisbôa, Olegario Neves

    Nova tabuada fundamental / Olegario Neves Lisbôa. – Bauru, SP : Edipro, 2009.

    ISBN 978-85-89987-27-1

    1. Aritmética (Ensino fundamental) 2. Tabuada (Ensino fundamental) I. Título

09-06533   CDD-372.72

Índice para catálogo sistemático:
1. Tabuada : Aritmética :
Ensino fundamental : 372.72

Caminho Suave Edições
São Paulo: (11) 3107-7050 • Bauru: (14) 3234-4121
www.caminhosuave.art.br • edipro@edipro.com.br
@editoracaminhosuave

ÍNDICE

ADIÇÃO ... 5
TABUADA DA ADIÇÃO ... 5
EXERCÍCIOS EXPLICATIVOS DA ADIÇÃO ... 6

SUBTRAÇÃO ... 8
TABUADA DA SUBTRAÇÃO ... 8
EXERCÍCIOS EXPLICATIVOS DA SUBTRAÇÃO ... 9

MULTIPLICAÇÃO ... 11
TABUADA DA MULTIPLICAÇÃO ... 11
EXERCÍCIOS EXPLICATIVOS DA MULTIPLICAÇÃO ... 12

DIVISÃO ... 17
TABUADA DA DIVISÃO ... 17
EXERCÍCIOS EXPLICATIVOS DA DIVISÃO ... 18

PROVAS ... 25
PROVA REAL ... 25
PROVA REAL DA ADIÇÃO ... 25
PROVA REAL DA SUBTRAÇÃO ... 25
PROVA REAL DA MULTIPLICAÇÃO ... 26
PROVA REAL DA DIVISÃO ... 26

PROVA DOS NOVES ... 27
PROVA DOS NOVES DA ADIÇÃO ... 27
PROVA DOS NOVES DA SUBTRAÇÃO ... 27
PROVA DOS NOVES DA MULTIPLICAÇÃO ... 28
PROVA DOS NOVES DA DIVISÃO ... 29

ADIÇÃO

1	2	3	4	5
1 + 1 = 2	1 + 2 = 3	1 + 3 = 4	1 + 4 = 5	1 + 5 = 6
2 + 1 = 3	2 + 2 = 4	2 + 3 = 5	2 + 4 = 6	2 + 5 = 7
3 + 1 = 4	3 + 2 = 5	3 + 3 = 6	3 + 4 = 7	3 + 5 = 8
4 + 1 = 5	4 + 2 = 6	4 + 3 = 7	4 + 4 = 8	4 + 5 = 9
5 + 1 = 6	5 + 2 = 7	5 + 3 = 8	5 + 4 = 9	5 + 5 = 10
6 + 1 = 7	6 + 2 = 8	6 + 3 = 9	6 + 4 = 10	6 + 5 = 11
7 + 1 = 8	7 + 2 = 9	7 + 3 = 10	7 + 4 = 11	7 + 5 = 12
8 + 1 = 9	8 + 2 = 10	8 + 3 = 11	8 + 4 = 12	8 + 5 = 13
9 + 1 = 10	9 + 2 = 11	9 + 3 = 12	9 + 4 = 13	9 + 5 = 14

6	7	8	9
1 + 6 = 7	1 + 7 = 8	1 + 8 = 9	1 + 9 = 10
2 + 6 = 8	2 + 7 = 9	2 + 8 = 10	2 + 9 = 11
3 + 6 = 9	3 + 7 = 10	3 + 8 = 11	3 + 9 = 12
4 + 6 = 10	4 + 7 = 11	4 + 8 = 12	4 + 9 = 13
5 + 6 = 11	5 + 7 = 12	5 + 8 = 13	5 + 9 = 14
6 + 6 = 12	6 + 7 = 13	6 + 8 = 14	6 + 9 = 15
7 + 6 = 13	7 + 7 = 14	7 + 8 = 15	7 + 9 = 16
8 + 6 = 14	8 + 7 = 15	8 + 8 = 16	8 + 9 = 17
9 + 6 = 15	9 + 7 = 16	9 + 8 = 17	9 + 9 = 18

OBS.:

Qualquer número somado a 0 (zero) é igual ao próprio número.

Exemplo: 5 + 0 = 5
0 + 2 = 2

EXERCÍCIOS EXPLICATIVOS DA ADIÇÃO

A adição ou soma é uma operação formada por parcelas e seu resultado chama-se soma ou total.

1º EXEMPLO:

7 + 2 + 3 = 12

Operando: 7 + 2 = 9 + 3 = 12

$$\left.\begin{array}{r}7\\2\\3\end{array}\right\} \text{parcelas}$$
$$\overline{12} \} \text{total}$$

Como operar:

Colocamos parcela embaixo de parcela, obedecendo as ordens dos números: unidade com unidade, dezena com dezena, centena com centena etc.

2º EXEMPLO:

45 + 35 + 28 = 108

$$\begin{array}{r}{}^{d\ u}\\{}^{1}\\45\\35\\\underline{28}\\108\end{array}$$

Operando:

1º) Soma-se a coluna das unidades:
$$5 + 5 = 10 + 8 \overset{d\ u}{=} 18$$

O **8** é o resultado das unidades.
O **1** vai se juntar à coluna das dezenas.

2º) Soma-se, agora, a coluna das dezenas.
$$1 + 4 = 5 + 3 = 8 + 2 \overset{c\ d}{=} 10$$

O **0** (zero) é o resultado das dezenas.
O **1** é o resultado das centenas.
O total formado é 108.

3º EXEMPLO:

```
              m c d u
              1 1 1
1472 + 500 + 4 + 28 = 2004    1472
                               500
                                 4
                                28
                              ————
                              2004
```

Operando:

1º) Ordem das unidades: $2 + 0 = 2 + 4 = 6 + 8 = \overset{d\,u}{14}$

2º) Ordem das dezenas: $1 + 7 = 8 + 0 = 8 + 2 = \overset{c\,d}{10}$

3º) Ordem das centenas: $1 + 4 = 5 + 5 = \overset{m\,c}{10}$

4º) Ordem das unidades de milhar: $1 + 1 = 2$

SUBTRAÇÃO

1	2	3	4	5
1 ∪ 1 = 0	2 ∪ 2 = 0	3 ∪ 3 = 0	4 ∪ 4 = 0	5 ∪ 5 = 0
1 ∪ 2 = 1	2 ∪ 3 = 1	3 ∪ 4 = 1	4 ∪ 5 = 1	5 ∪ 6 = 1
1 ∪ 3 = 2	2 ∪ 4 = 2	3 ∪ 5 = 2	4 ∪ 6 = 2	5 ∪ 7 = 2
1 ∪ 4 = 3	2 ∪ 5 = 3	3 ∪ 6 = 3	4 ∪ 7 = 3	5 ∪ 8 = 3
1 ∪ 5 = 4	2 ∪ 6 = 4	3 ∪ 7 = 4	4 ∪ 8 = 4	5 ∪ 9 = 4
1 ∪ 6 = 5	2 ∪ 7 = 5	3 ∪ 8 = 5	4 ∪ 9 = 5	5 ∪ 10 = 5
1 ∪ 7 = 6	2 ∪ 8 = 6	3 ∪ 9 = 6	4 ∪ 10 = 6	5 ∪ 11 = 6
1 ∪ 8 = 7	2 ∪ 9 = 7	3 ∪ 10 = 7	4 ∪ 11 = 7	5 ∪ 12 = 7
1 ∪ 9 = 8	2 ∪ 10 = 8	3 ∪ 11 = 8	4 ∪ 12 = 8	5 ∪ 13 = 8
1 ∪ 10 = 9	2 ∪ 11 = 9	3 ∪ 12 = 9	4 ∪ 13 = 9	5 ∪ 14 = 9

6	7	8	9
6 ∪ 6 = 0	7 ∪ 7 = 0	8 ∪ 8 = 0	9 ∪ 9 = 0
6 ∪ 7 = 1	7 ∪ 8 = 1	8 ∪ 9 = 1	9 ∪ 10 = 1
6 ∪ 8 = 2	7 ∪ 9 = 2	8 ∪ 10 = 2	9 ∪ 11 = 2
6 ∪ 9 = 3	7 ∪ 10 = 3	8 ∪ 11 = 3	9 ∪ 12 = 3
6 ∪ 10 = 4	7 ∪ 11 = 4	8 ∪ 12 = 4	9 ∪ 13 = 4
6 ∪ 11 = 5	7 ∪ 12 = 5	8 ∪ 13 = 5	9 ∪ 14 = 5
6 ∪ 12 = 6	7 ∪ 13 = 6	8 ∪ 14 = 6	9 ∪ 15 = 6
6 ∪ 13 = 7	7 ∪ 14 = 7	8 ∪ 15 = 7	9 ∪ 16 = 7
6 ∪ 14 = 8	7 ∪ 15 = 8	8 ∪ 16 = 8	9 ∪ 17 = 8
6 ∪ 15 = 9	7 ∪ 16 = 9	8 ∪ 17 = 9	9 ∪ 18 = 9

OBS.: ∪ = Para

Significa as unidades do subtraendo, retiradas do minuendo, dando como resultado o resto; isto é, o que sobrou.

EXERCÍCIOS EXPLICATIVOS DA SUBTRAÇÃO

A subtração é formada pelos termos minuendo e subtraendo e seu resultado é o resto, excesso ou diferença.

| Minuendo |
| Subtraendo |
| Resto, excesso ou diferença |

1º EXEMPLO:

675 - 324 = 351

```
 675
 324
 ---
 351
```

4 ⌣ 5 = 1
2 ⌣ 7 = 5
3 ⌣ 6 = 3

Operando:
A operação é feita de baixo para cima.

2º EXEMPLO:

975 - 567 = 408

```
 975
 56₁7
 ---
 408
```

Operando:
Como 7 é maior que 5, devemos tomar um número acima de 7 que termine em 5; esse número é 15; daí:

7 ⌣ 15 = 8

Do 15 vai 1; esse 1 que faz parte das dezenas será somado a 6 que é o algarismo das dezenas:

1 + 6 = 7 ⌣ 7 = 0

Em seguida temos:

5 ⌣ 9 = 4

3º EXEMPLO:

8642 - 2789 = 5853	$\begin{array}{r} 8\,6\,4\,2 \\ 2\,7_{+1}8_{+1}9_{+1} \\ \hline 5\,8\,5\,3 \end{array}$

Operando:
9 ⌣ 12 = 3

O algarismo 1 do número 12 representa a ordem das dezenas; esse algarismo será somado ao subtraendo da ordem das dezenas.
1 + 8 = 9 ⌣ 14 = 5

O novo algarismo 1 do número 14 representa o algarismo das centenas; portanto, ele será somado com o algarismo 7 das centenas.
1 + 7 = 8 ⌣ 16 = 8

Da mesma forma o algarismo 1 do número 16 será somado ao algarismo 2 da ordem das unidades de milhar.
1 + 2 = 3 ⌣ 8 = 5

4º EXEMPLO:

9000 - 2468 = 6532	$\begin{array}{r} 9\,0\,0\,0 \\ 2_{+1}4_{+1}6_{+1}8 \\ \hline 6\,5\,3\,2 \end{array}$

Operando:
O mesmo procedimento das contas anteriores.
8 ⌣ 10 = 2
1 + 6 = 7 ⌣ 10 = 3
1 + 4 = 5 ⌣ 10 = 5
1 + 2 = 3 ⌣ 9 = 6

OBS.:
Sempre que o minuendo for maior que 9, para que se possa operar, somaremos no subtraendo 1 na ordem imediatamente superior.

MULTIPLICAÇÃO

1	2	3	4	5
1 x 1 = 1	2 x 1 = 2	3 x 1 = 3	4 x 1 = 4	5 x 1 = 5
1 x 2 = 2	2 x 2 = 4	3 x 2 = 6	4 x 2 = 8	5 x 2 = 10
1 x 3 = 3	2 x 3 = 6	3 x 3 = 9	4 x 3 = 12	5 x 3 = 15
1 x 4 = 4	2 x 4 = 8	3 x 4 = 12	4 x 4 = 16	5 x 4 = 20
1 x 5 = 5	2 x 5 = 10	3 x 5 = 15	4 x 5 = 20	5 x 5 = 25
1 x 6 = 6	2 x 6 = 12	3 x 6 = 18	4 x 6 = 24	5 x 6 = 30
1 x 7 = 7	2 x 7 = 14	3 x 7 = 21	4 x 7 = 28	5 x 7 = 35
1 x 8 = 8	2 x 8 = 16	3 x 8 = 24	4 x 8 = 32	5 x 8 = 40
1 x 9 = 9	2 x 9 = 18	3 x 9 = 27	4 x 9 = 36	5 x 9 = 45

6	7	8	9
6 x 1 = 6	7 x 1 = 7	8 x 1 = 8	9 x 1 = 9
6 x 2 = 12	7 x 2 = 14	8 x 2 = 16	9 x 2 = 18
6 x 3 = 18	7 x 3 = 21	8 x 3 = 24	9 x 3 = 27
6 x 4 = 24	7 x 4 = 28	8 x 4 = 32	9 x 4 = 36
6 x 5 = 30	7 x 5 = 35	8 x 5 = 40	9 x 5 = 45
6 x 6 = 36	7 x 6 = 42	8 x 6 = 48	9 x 6 = 54
6 x 7 = 42	7 x 7 = 49	8 x 7 = 56	9 x 7 = 63
6 x 8 = 48	7 x 8 = 56	8 x 8 = 64	9 x 8 = 72
6 x 9 = 54	7 x 9 = 63	8 x 9 = 72	9 x 9 = 81

OBS.:

Todo número multiplicado por zero (0) é igual a zero (0).

Exemplo: 5 x 0 = 0
0 x 3 = 0

EXERCÍCIOS EXPLICATIVOS DA MULTIPLICAÇÃO

A multiplicação é formada pelos termos multiplicando e multiplicador e seu resultado é o produto.

> Multiplicando
> x Multiplicador
> ―――――――――
> Produto

1º EXEMPLO:

432 x 2 = 864

$$\begin{array}{r}432\\ \times\,2\\ \hline 864\end{array}$$

Operando:

Toma-se o algarismo da direita no multiplicador e multiplica-o por todos os algarismos do multiplicando.
2 x 2 = 4
2 x 3 = 6
2 x 4 = 8

2º EXEMPLO:

```
                    2 1
                    754
754 x 4 = 3016       ₩4
                   ─────
                    3016
```

Operando:

1) Quando você multiplicar o algarismo do multiplicador pelo primeiro algarismo do multiplicando e encontrar um número acima de 9, o algarismo seguinte será somado ao algarismo do multiplicando.
4 x 4 = 16

2) O algarismo 1 será somado ao algarismo 5 do multiplicando quando você efetuar o produto.
4 x 5 = 20 + 1 = 21

3) Assim será o 2 somado ao algarismo 7 quando efetuar o produto.
4 x 7 = 28 + 2 = 30

3º EXEMPLO:

$$7523 \times 42 = 315966$$

```
      ² 
      ¹ ¹
     7523
       42
    ─────
    15046
+  30092
    ─────
   315966
```

Operando:
Quando o multiplicador possuir dois ou mais algarismos, o procedimento é idêntico ao de 1 algarismo.
Multiplicando 2:

$2 \times 3 = 6$
$2 \times 2 = 4$
$2 \times 5 = 10$ vai 1
$2 \times 7 = 14 + 1 = 15$

O segundo algarismo 4 do multiplicador pertence à ordem das dezenas; logo a multiplicação é feita iniciando o produto debaixo do algarismo 4 do subproduto.

$4 \times 3 = 12$ vai 1
$4 \times 2 = 8 + 1 = 9$
$4 \times 5 = 20$ vão 2
$4 \times 7 = 28 + 2 = 30$

Em seguida somam-se os subprodutos fornecendo o produto da multiplicação.

4º EXEMPLO:

7236 x 120 = 868320

```
     1
   7236
    120
  -----
  14472
+  7236
  ------
  868320
```

Operando:
Quando os termos terminarem por zero (0) é conveniente deixá-los isolados e acrescentá-los no final da operação.

Vejamos outros casos:

5º EXEMPLO:

37250 x 25 = 931250

```
    1  1
    2 1 2
   37250
      25
  ------
   18625
+   7450
  ------
  931250
```

6º EXEMPLO:

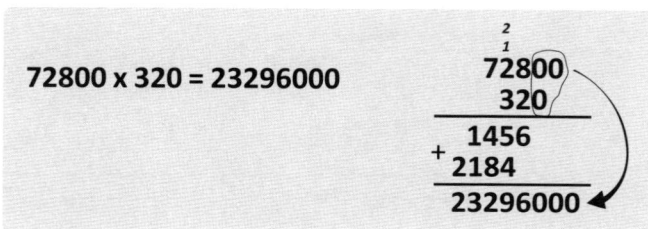

72800 x 320 = 23296000

```
      2
      1
    72800
      320
   ------
     1456
+    2184
   --------
   23296000
```

7º EXEMPLO:

8943 x 1203 = 10758429

$$\begin{array}{r} \overset{1}{\underset{}{}}\overset{21}{} \\ 8943 \\ \times\ 1203 \\ \hline 26829 \\ +\ 178860 \\ 8943 \\ \hline 10758429 \end{array}$$

Operando:

Observamos nos exemplos anteriores que obedecemos a ordem do multiplicador.

1) Iniciamos com as unidades.

2) Em seguida as dezenas; logo, 0 (zero) embaixo do 2.

3) Como o 0 (zero) é nulo, não há necessidade de multiplicar por todo o multiplicando.

4) Ao lado do 0 (zero) segue o produto do algarismo seguinte.

5) O algarismo seguinte é colocado embaixo da ordem correspondente, milhares, ou seja, debaixo do 8.

6) Finalmente somam-se os subprodutos encontrando o produto.

DIVISÃO

1	**2**	**3**	**4**	**5**
1 ÷ 1 = 1	2 ÷ 2 = 1	3 ÷ 3 = 1	4 ÷ 4 = 1	5 ÷ 5 = 1
2 ÷ 1 = 2	4 ÷ 2 = 2	6 ÷ 3 = 2	8 ÷ 4 = 2	10 ÷ 5 = 2
3 ÷ 1 = 3	6 ÷ 2 = 3	9 ÷ 3 = 3	12 ÷ 4 = 3	15 ÷ 5 = 3
4 ÷ 1 = 4	8 ÷ 2 = 4	12 ÷ 3 = 4	16 ÷ 4 = 4	20 ÷ 5 = 4
5 ÷ 1 = 5	10 ÷ 2 = 5	15 ÷ 3 = 5	20 ÷ 4 = 5	25 ÷ 5 = 5
6 ÷ 1 = 6	12 ÷ 2 = 6	18 ÷ 3 = 6	24 ÷ 4 = 6	30 ÷ 5 = 6
7 ÷ 1 = 7	14 ÷ 2 = 7	21 ÷ 3 = 7	28 ÷ 4 = 7	35 ÷ 5 = 7
8 ÷ 1 = 8	16 ÷ 2 = 8	24 ÷ 3 = 8	32 ÷ 4 = 8	40 ÷ 5 = 8
9 ÷ 1 = 9	18 ÷ 2 = 9	27 ÷ 3 = 9	36 ÷ 4 = 9	45 ÷ 5 = 9

6	**7**	**8**	**9**
6 ÷ 6 = 1	7 ÷ 7 = 1	8 ÷ 8 = 1	9 ÷ 9 = 1
12 ÷ 6 = 2	14 ÷ 7 = 2	16 ÷ 8 = 2	18 ÷ 9 = 2
18 ÷ 6 = 3	21 ÷ 7 = 3	24 ÷ 8 = 3	27 ÷ 9 = 3
24 ÷ 6 = 4	28 ÷ 7 = 4	32 ÷ 8 = 4	36 ÷ 9 = 4
30 ÷ 6 = 5	35 ÷ 7 = 5	40 ÷ 8 = 5	45 ÷ 9 = 5
36 ÷ 6 = 6	42 ÷ 7 = 6	48 ÷ 8 = 6	54 ÷ 9 = 6
42 ÷ 6 = 7	49 ÷ 7 = 7	56 ÷ 8 = 7	63 ÷ 9 = 7
48 ÷ 6 = 8	56 ÷ 7 = 8	64 ÷ 8 = 8	72 ÷ 9 = 8
54 ÷ 6 = 9	63 ÷ 7 = 9	72 ÷ 8 = 9	81 ÷ 9 = 9

A divisão é uma operação formada pelos termos:

Dividendo	Divisor
	Quociente
Resto	

O quociente é o resultado da divisão.

EXERCÍCIOS EXPLICATIVOS DA DIVISÃO

1º EXEMPLO:

9750 ÷ 5 = 1950

```
9750 | 5
 47  | 1950
 25
  00
```

Operando:

1) Abaixa um algarismo no dividendo.

2) Divide esse número pelo divisor   9 ÷ 5 = 1

3) Multiplica-se esse quociente (1) pelo divisor e diminui-se pelo dividendo separado, encontrando o resto parcial:
1 x 5 = 5 ⌣ 9 = 4

4) Abaixa o algarismo seguinte e se junta com o resto parcial.

5) O número encontrado é dividido novamente por 5, e teremos outro algarismo no quociente.
47 ÷ 5 = 9

6) Voltando ao número 3, multiplica-se esse algarismo pelo divisor e subtrai pelo dividendo separado:
9 x 5 = 45 ⌣ 47 = 2

7) Continua a operação conforme o número 1.
a) 25 ÷ 5 = 5
b) 5 x 5 = 25 ⌣ 25 = 0

8) Abaixa o outro algarismo; como é 0 (zero), não podemos dividir por 5; logo, colocamos 0 (zero) no quociente, terminando a divisão.

2º EXEMPLO:

9752 ÷ 53 = 184

```
 9752 | 53
  445 | 184
  212 |
   00 |
```

Operando:

1) Como o divisor possui dois algarismos, devemos separar no dividendo também dois algarismos.

2) Isola-se no divisor o último algarismo à esquerda.

3) Sobrou um algarismo à direita.

4) No dividendo, também separa um algarismo à direita; o que sobrou à esquerda vai dividir pelo algarismo isolado à esquerda no divisor, fornecendo o primeiro algarismo no quociente.
9 ÷ 5 = 1

5) Agora multiplica-se esse número pelos algarismos do divisor, retirando o que sobra no dividendo.
1 x 3 = 3 ⌣ 7 = 4   1º algarismo à direita.
1 x 5 = 5 ⌣ 9 = 4   algarismo seguinte à esquerda.

6) Abaixa o algarismo seguinte do dividendo e se junta ao resto, ficando agora o número 445.

7) Toma-se o item número 4, separa-se no dividendo um algarismo à direita e o que sobrou vai dividir pelo algarismo isolado do divisor, fornecendo outro algarismo no quociente.
44 ÷ 5 = 8   e sobram 4

8) Efetua a mesma operação do número 5.
8 x 3 = 24 ⌣ 25 = 1   e vão 2 do 25
8 x 5 = 40 + 2 = 42 ⌣ 44 = 2

OBS.: *Por que 25?*
Devemos subtrair por um número acima de 24 e que termine em 5, que é o número 25, daí:
8 x 3 = 24 ⌣ 25 = 1   e vão 2 do 25

9) Volta ao número 6 e temos o novo número no dividendo 212.

10) E continua a divisão como nos casos anteriores.
21 ÷ 5 = 4
a) 4 x 3 = 12 ⌣ 12 = 0   e vai 1 do 12
b) 4 x 5 = 20 + 1 = 21 ⌣ 21 = 0

3º EXEMPLO:

97523 ÷ 531 = 183

```
 97523 | 531
 4442  | 183
 1943  |
  350
```

Operando:

1) Separam os três algarismos no dividendo.

2) Isola-se o algarismo 5 do divisor e sobram os dois algarismos da direita.

3) Separam-se os dois algarismos no dividendo, da direita para a esquerda, sobrando 9.

4) Divide-se 9 ÷ 5 = 1

5) O algarismo 1 é colocado no quociente.

6) Multiplica-se o quociente pelo divisor e subtrai-se pelo dividendo separado, da seguinte forma:
1 x 1 = 1 ☞ 5 = 4
1 x 3 = 3 ☞ 7 = 4
1 x 5 = 5 ☞ 9 = 4

7) Ao novo resto junta-se o outro algarismo baixando 2, ficando o número 4442.

8) Separam-se os dois algarismos da direita, sobrando o número 44.

9) Toma-se esse número 44 e divide-se por 5, logo 44 ÷ 5 = 8 que se juntará ao algarismo 1 no quociente.

10) Repete toda a operação a partir do número 6.
8 x 1 = 8 ☞ 12 = 4

4 fica embaixo do 2, e 1 vai ser somado ao algarismo seguinte.

OBS.: *Por que 12?*
Devemos subtrair por um número acima de 8 que termine em 2, que é o número 12.
8 x 3 = 24 + 1 = 25 ☞ 34 = 9   e vão 3
8 x 5 = 40 + 3 = 43 ☞ 44 = 1

11) Volta ao número 6.
a) 19 ÷ 5 = 3
b) 3 x 1 = 3 ☞ 3 = 0
c) 3 x 3 = 9 ☞ 14 = 5   e vai 1
d) 3 x 5 = 15 + 1 = 16 ☞ 19 = 3

Você já desconfiou que dividir é muito fácil.

Vamos agora resolver outros casos que aparecem em uma divisão:

1º CASO:

14070 ÷ 32 = 439

```
14070  | 32
  127  | 439
  310
   22
```

Operando:

1) Deveríamos separar dois algarismos no dividendo; porém, 14 é menor que 32; nesse caso, abaixamos outra casa: 140.

Vamos agora dividir:

14 ÷ 3 = 4 e sobram 2

Multiplicando o quociente pelo divisor e subtraindo pelo dividendo, temos:

4 x 2 = 8 ↔ 10 = 2 e vai 1
4 x 3 = 12 + 1 = 13 ↔ 14 = 1 e vai 1

E continua a divisão que você já conhece.

2º CASO:

$28070 \div 35 = 802$

```
28070 | 35
 0070 | 802
   00
```

Operando:

1) Devemos abaixar três algarismos no dividendo porque 28 é menor que 35.

2) Vamos continuar a divisão:
a) 28 ÷ 3 = 8 e sobram 4; observamos que 9 seria forte, por isso recorremos ao 8.
b) 8 x 5 = 40 ☞ 40 = 0 vão 4
c) 8 x 3 = 24 + 4 = 28 ☞ 28 = 0

3) Abaixa o 7; como 7 é menor que 35, colocamos 0 (zero) no quociente e abaixamos o algarismo seguinte: 0 (zero), daí:
a) 7 ÷ 3 = 2 e sobra 1
b) 2 x 5 = 10 ☞ 10 = 0 e vai 1
c) 2 x 3 = 6 + 1 = 7 ☞ 7 = 0

Vejamos o quadro resumo da divisão:

1°

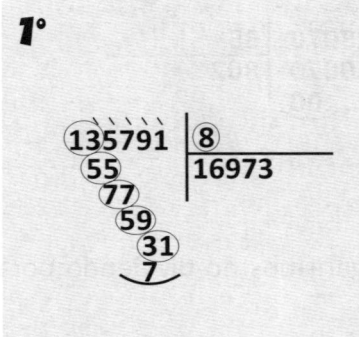

2°

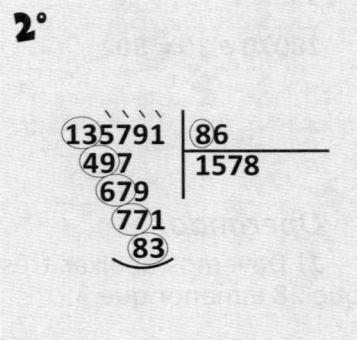

3°

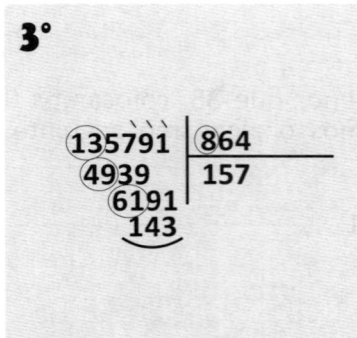

4°

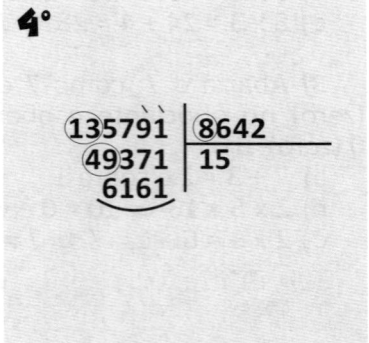

Neste resumo mostramos que no primeiro quadro o algarismo do divisor é 8 e vamos notar que as três divisões restantes são semelhantes à divisão do primeiro quadro.

PROVAS

Prova é uma forma para verificar se uma operação está certa. Temos dois casos: **prova real** e **prova dos nove**.

A **prova real** é feita tomando-se uma operação inversa a que se opera.

A **prova dos nove** é feita retirando os noves das somas efetuadas dos termos destacados em cada operação e que tenha os dois últimos resultados iguais.

PROVA REAL

ADIÇÃO

A prova real da adição é feita somando as parcelas de baixo para cima.

Exemplo:

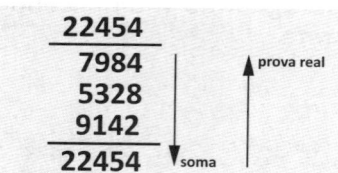

Se a soma de baixo para cima for igual a de cima para baixo, a adição estará correta.

SUBTRAÇÃO

A prova real da subtração é feita somando o subtraendo mais o resto; se o resultado for igual ao minuendo, a subtração estará correta.

$$\begin{array}{r} 97532 \\ \underline{35724} \\ \underline{61808} \\ 97532 \end{array} \Big\} \text{soma}$$

Como a soma do subtraendo com o resto foi igual ao minuendo, a subtração está correta.

MULTIPLICAÇÃO

A prova real da multiplicação é feita dividindo o produto pelo multiplicador; o quociente encontrado é igual ao multiplicando.

```
    7584
      25
   37920
   15168
  189600 | 25
     146 | 7584
     210
     100
      00
```

O quociente foi igual ao multiplicando; logo, a multiplicação está correta.

DIVISÃO

A prova real da divisão é o resultado do produto do quociente pelo divisor mais o resto que deverá ser igual ao dividendo.

```
5874 | 63
 204 | 93
  15 | 63
     279
     558
    5859
  +   15
    5874
```

O produto do quociente com o divisor mais o resto foi igual ao dividendo; logo, a divisão está correta.

PROVA DOS NOVES

ADIÇÃO

$$\left.\begin{array}{r}835 \\ 247 \\ 126\end{array}\right\} \dfrac{2}{2}$$
$$\overline{1208}$$

Parcelas:
8 + 3 = 11 - 9 = 2 + 5 + 2 = 9 - 9 = 0
= 0 + 4 + 7 = 11 - 9 = 2 + 1 + 2 +
+ 6 = 11 - 9 = 2
Total
1 + 2 + 8 = 11 - 9 = 2

Operando:

1) Retiram-se os noves fora das parcelas e o resultado coloca-se acima do traço.

2) Retiram-se os noves fora do total e o resultado coloca-se embaixo do traço.

3) Se os resultados forem iguais a adição estará correta.

SUBTRAÇÃO

$$\left.\begin{array}{r}7531 \\ 2429 \\ 5102\end{array}\right\} \dfrac{7}{7}$$

Minuendo
7 + 5 = 12 - 9 = 3 + 3 + 1 = 7
Subtraendo e Resto
2 + 4 + 2 + 5 = 13 - 9 = 4 + 1 + 2 = 7

Obs.: Não se contam os 9.

Operando:

1) Retiram-se os noves fora do minuendo e coloca-se acima do traço o resultado obtido.

2) Retiram-se os noves fora do subtraendo mais o resto; se o resultado for igual ao encontrado no minuendo a operação estará correta.

MULTIPLICAÇÃO

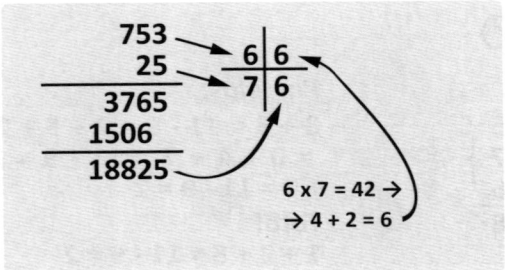

Operando:

1) Tiram-se os noves fora do multiplicando e coloca-se o resultado no ângulo da esquerda acima.
7 + 5 = 12 - 9 = 3 + 3 = 6

2) Retiram-se os noves fora do multiplicador e coloca-se o resultado no ângulo da esquerda abaixo.
2 + 5 = 7

3) Multiplicam-se os resultados, tirando os noves fora dos algarismos encontrados.
6 x 7 = 42 → 4 + 2 = 6
O resultado é colocado no ângulo da direita acima.

4) Retiram-se os noves fora do produto; se o resultado for igual ao do ângulo à direita, a operação estará correta.
1 + 8 = 9 - 9 = 0 + 8 + 2 = 10 - 9 = 1 + 5 = 6

DIVISÃO

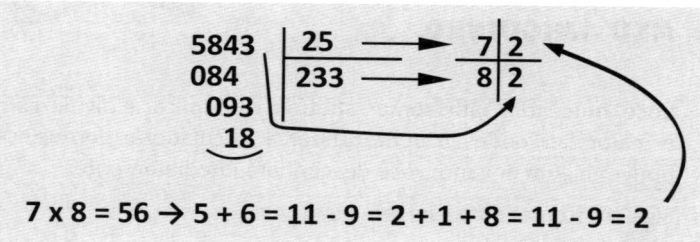

$7 \times 8 = 56 \rightarrow 5 + 6 = 11 - 9 = 2 + 1 + 8 = 11 - 9 = 2$

Operando:

1) Retiram-se os noves fora do divisor:
$2 + 5 = 7$
Coloca-se no ângulo da esquerda acima.

2) Retiram-se os noves fora do quociente:
$2 + 3 + 3 = 8$
Coloca-se no ângulo da esquerda abaixo.

3) Multiplicam-se os resultados e somam-se ao resto, retirando os noves fora.
$7 \times 8 = 56 \rightarrow 5 + 6 = 11 - 9 = 2 + 1 + 8 = 11 - 9 = 2$
Coloca-se no ângulo acima da direita.

4) Finalmente, retiram-se os noves fora do dividendo e se o resultado for igual ao do ângulo da direita acima, a operação estará correta.
$5 + 8 = 13 - 9 = 4 + 4 + 3 = 11 - 9 = 2$

MEU AMIGUINHO,

Você, que agora sabe somar, subtrair, multiplicar e dividir com a maior facilidade, já pode utilizar a calculadora; porque, se houver algum engano, você desconfiará imediatamente.

Siga em frente, e boa sorte!

O autor

ESCLARECIMENTOS AO PROFESSOR

Procurei utilizar uma linguagem muito simples em todas as formas de resolver as operações, eliminando os vícios adquiridos pelo ensino nas últimas décadas, tornando as operações mais fáceis.

Como as quatro operações são as bases da matemática, vamos ensinar as nossas crianças para que elas possam galgar os degraus da matéria com facilidade, e melhorar a qualidade do nosso ensino.

A tabuada deve ser ensinada de forma cantada, para que os alunos possam decorá-la brincando.

Estendo-me a dar exemplos, do simples ao complexo, pois o conteúdo para o aluno deverá ser muito rico em cada operação.

Subtração

Esse sistema de subtração traz duas vantagens:

1º) Em lugar de rabiscar o minuendo para subtrair, você soma uma unidade ao subtraendo.

2º) Facilita a resolução da divisão direta.

Para os alunos que estão acostumados com o "pedir emprestado", a princípio será difícil, porém, se houver um pouco de paciência, eles aprenderão o sistema e acharão este melhor.

Divisão

Observe a semelhança das divisões com dois ou mais algarismos no divisor com a de um algarismo, inclusive a facilidade de resolvê-las se souberem a tabuada de dividir ou mesmo a de multiplicar.

Todos os alunos, atualmente, sabem dividir por um algarismo no divisor, com a subtração de baixo para cima. Acontece que não sabem dividir por dois, três ou mais algarismos no divisor. Quando lhes apresentam esse quadro demonstrativo, notam que a divisão com dois ou mais algarismos é semelhante à divisão com um algarismo, e que é muito mais fácil sem a necessidade de se fazer contas de chegar com multiplicações.

Conto com você,
O autor